BEI GRIN MACHT SICH IHR WISSEN BEZAHLT

AF137312

- Wir veröffentlichen Ihre Hausarbeit,
  Bachelor- und Masterarbeit

- Ihr eigenes eBook und Buch -
  weltweit in allen wichtigen Shops

- Verdienen Sie an jedem Verkauf

Jetzt bei www.GRIN.com hochladen
und kostenlos publizieren

Anonym

Fernerkundung: Airborne Laserscanning

GRIN Verlag

Bibliografische Information der Deutschen Nationalbibliothek:

Die Deutsche Bibliothek verzeichnet diese Publikation in der Deutschen National-
bibliografie; detaillierte bibliografische Daten sind im Internet über http://dnb.d-
nb.de/ abrufbar.

Dieses Werk sowie alle darin enthaltenen einzelnen Beiträge und Abbildungen
sind urheberrechtlich geschützt. Jede Verwertung, die nicht ausdrücklich vom
Urheberrechtsschutz zugelassen ist, bedarf der vorherigen Zustimmung des Verla-
ges. Das gilt insbesondere für Vervielfältigungen, Bearbeitungen, Übersetzungen,
Mikroverfilmungen, Auswertungen durch Datenbanken und für die Einspeicherung
und Verarbeitung in elektronische Systeme. Alle Rechte, auch die des auszugsweisen
Nachdrucks, der fotomechanischen Wiedergabe (einschließlich Mikrokopie) sowie
der Auswertung durch Datenbanken oder ähnliche Einrichtungen, vorbehalten.

Impressum:

Copyright © 2010 GRIN Verlag GmbH
Druck und Bindung: Books on Demand GmbH, Norderstedt Germany
ISBN: 978-3-656-31294-9

Dieses Buch bei GRIN:

http://www.grin.com/de/e-book/204572/fernerkundung-airborne-laserscanning

GRIN - Your knowledge has value

Der GRIN Verlag publiziert seit 1998 wissenschaftliche Arbeiten von Studenten, Hochschullehrern und anderen Akademikern als eBook und gedrucktes Buch. Die Verlagswebsite www.grin.com ist die ideale Plattform zur Veröffentlichung von Hausarbeiten, Abschlussarbeiten, wissenschaftlichen Aufsätzen, Dissertationen und Fachbüchern.

Besuchen Sie uns im Internet:

http://www.grin.com/

http://www.facebook.com/grincom

http://www.twitter.com/grin_com

AIRBORNE LASERSCANNING

I INHALTSVERZEICHNIS

Seite

II Abbildungsverzeichnis...3

III Tabellenverzeichnis..3

1. Einleitung...4

2. Funktionsweise...5

    2.1 Geometrische Eigenschaften...7

    2.2 Reflektionsgrad der Oberfläche...8

    2.3 Genauigkeit...9

    2.4 Bildverzerrung...9

3. Einsatzmöglichkeiten...11

    3.1 Land- und Forstwirtschaft..12

    3.2 Hydrologie...12

    3.3 Bathymetrie...13

    3.4 Gebäudeerfassung..14

    3.5 Archäologie...14

    3.6 Trassenkartierung...14

    3.7 Standortanalyse..15

IV Quellenverzeichnis..16

II ABBILDUNGSVERZEICHNIS

Abb. 1: Funktion von Airborne Laserscanning...4

Abb. 2: Prinzipieller Aufbau eines Laserscanners..5

Abb. 3: Die unterschiedlichen gemessenen Impulse führen zu verschiedenen Datensätzen....6

Abb. 4: Die Abbildungsgeometrien von photographischen Systemen und digitalen
Flächenkameras (links), Scanner- Systemen (mitte) und Radarsystemen (rechts)...................7

Abb. 5: Das Aufnahmeprinzip des Airborne Laserscanning...10

Abb. 6: Digitales Oberflächenmodell mit Vegetation vom Arlberg; digitales Geländemodell
vom Arlberg..11

Abb.7: Waldhöhenklassen...12

Abb. 8: Beispiel für eine bathymetrische Karte, aus ALS- Daten erstellt..................................13

III TABELLENVERZEICHNIS

Tab. 1: Typische Reflektionsgrade von verschiedenen Materialien bei einer Wellenlänge von
900 nm...8

1   EINLEITUNG

Als Airborne Laserscanning (ALS) wird ein aktives Verfahren der Fernerkundung bezeichnet, bei dem die Erdoberfläche punktweise von einem Laser erfasst wird, der sich in einem Luftfahrzeug befindet (ALBERTZ 2009). Ein häufig verwendetes Synonym für Airborne Laserscanning lautet LiDaR- Light Detection and Ranging. Das Laserscanning gilt als eine der bedeutendsten Neuerungen in dem Bereich der topographischen Kartographie in den letzten Jahrzehnten und als wichtigstes Instrument zur Geodatenaquisition (SHAN & TOTH 2009). Ziel ist die Messung zahlreicher Punkte an der Geländeoberfläche, um diese dann geometrisch, dreidimensional abbilden zu können. Dafür bestimmt ein Laserstrahl die Entfernung zwischen einem Sensor an Bord des Flugzeugs und der Geländeoberfläche (s. Abb. 1). Gebäude, Bäume und sonstigen Objekte auf der Erdoberfläche werden dabei mit abgebildet. Aus der Gesamtheit der Messpunkte können nach Bearbeitung der Rohdaten unter anderem dreidimensionale digitale Oberflächenmodelle (DOM) oder digitale Geländemodelle (DGM) erstellt werden (ALBERTZ 2009). Die Vorteile des Verfahrens sind die hohe Genauigkeit der Datenerfassung sowie, dass in kurzer Zeit eine große Fläche erfasst werden kann (SHAN & TOTH 2009). Da das Sensorsystem mit einem GPS ausgestattet ist, welches stetig die Position des Flugzeugs und die Orientierung des Sensors bestimmt, sind den gewonnenen Punktdaten bereits räumliche Koordinaten (x,y,z) zugeordnet. Sie stehen damit schneller und einfacher für die Anwendung und Weiterverarbeitung zur Verfügung als Daten anderer Messsysteme (SHAN & TOTH 2009).

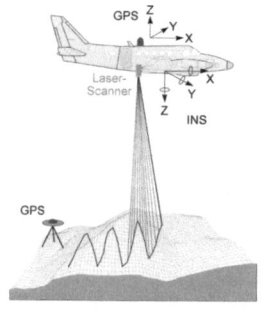

Abb. 1: Funktion von Airborne Laserscanning (http://www.innovations-report.de/html/berichte/informationstechnologie/bericht-45681.html)

2 FUNKTIONSWEISE

Die Datenerfassung beim Laserscanning erfolgt automatisch und deckt ein Gebiet komplett ab, es werden also nicht nur, wie bei anderen Fernerkundungstechniken, punktuelle Gebietsausschnitte aufgenommen (HERITAGE & LARGE 2009). Ein Laserscanner besteht grundsätzlich aus einem Halbleiterlaser, einer Strahlablenkeinheit (optisch-mechanischer Scanner) und einer Laserentfernungsmesseinheit (s. Abb. 2) (SHAN & TOTH 2009). Der Laserstrahl hat für das Laserscanning i. d. R. eine Wellenlänge im Bereich des nahen Infrarot (MAAS 2007). Zum scannen einer Geländeoberfläche ist eine Bewegung in zwei Richtungen notwendig, die Bewegung nach vorne in Fluglinie und die Bewegung quer zur Flugrichtung (s. Abb. 1). Für die Ablenkung des Laserstrahls quer zur Flugrichtung wird ein rotierender Spiegel verwendet. Die Bewegungen des Spiegels, welche das Scan-Muster bestimmt, können parallel zur Flugrichtung zeilenweise oszillierend oder elliptisch erfolgen (ALBERTZ 2009).

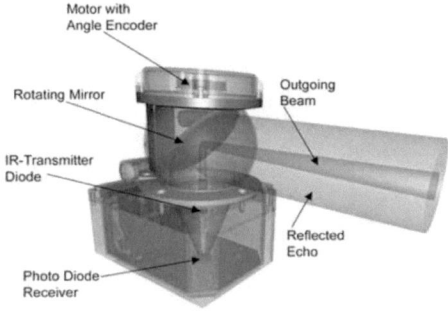

Abb. 2: Prinzipieller Aufbau eines Laserscanners (http://www.tomshardware.de/autonomes-fahren-vw-golf-gti,testberichte-1513-2.html)

Der von einer Laserdiode ausgesendete Laserimpuls trifft auf eine Oberfläche, dabei kann es sich um eine Baumkrone oder ein Gebäude handeln (s. Abb. 3). Von dort aus wird der Impuls zurück zum Luftfahrzeug reflektiert, man spricht hierbei vom „first pulse". Ein Sensor errechnet dann mit folgender Formel die Distanz vom Ausgangspunkt des Lasers zum Punkt der Reflektion:

Distanz = (Lichtgeschwindigkeit x Flugzeit) : 2

Als Flugzeit wird hier die Zeit vom Aussenden des Lasersignals bis zur Ankunft des Echos bezeichnet (HERITAGE & LARGE 2009). Das Lasersignal kann noch mehere Male reflektiert werden, wobei davon ausgegangen wird, dass es sich beim „last pulse" um die Reflektion von der tatsächliche Erdoberfläche handelt, doch das ist, vor allem bei sehr dichter Vegetation oder sehr unwegsamen Gelände nicht immer der Fall (HERITAGE & LARGE 2009). Die Entfernung zum Punkt der Reflektion ist noch nicht ausreichend für Erstellung der Punktkoordinaten x, y und z. Die Richtung des Laserimpulses und die Lage des Lasersensors zum Zeitpunkt der Aussendung eines Impulses werden ebenfalls aufgezeichnet. Dazu wird die Stellung des Laserscanners und seine Lage im Raum von einem Inertial Navigation System (INS) aufgezeichnet (s.u.), während die Position des Luftfahrzeugs bzw. Laserscanningsystems im Raum durch ein GPS bestimmt wird. Durch die Kombination der Daten Entfernung zum Ziel, Orientierung und Lage im Raum ist es möglich, die genauen Koordinaten für jeden einzelnen gemessenen Punkt in absoluten x-, y- und z-Koordinaten zu berechnen.

Mit modernen Geräten können bis zu 160 000 Laserpunkte pro Sekunde gesendet und empfangen werden und eine Fläche von bis zu 90 km² pro Stunde gescannt werden (http://topscan.de/deutsch/airborne-laser-scanning/eigenschaften/).

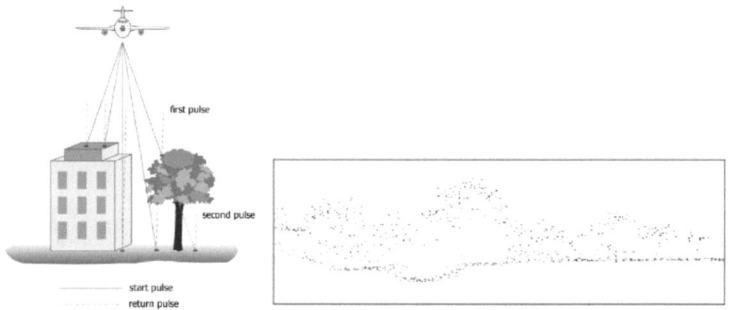

Abb. 3: Die unterschiedlichen gemessenen Impulse führen zu verschiedenen Datensätzen (http://www.terraimaging.de/de/technologie/laserscanning)

2.1 GEOMETRISCHE EIGENSCHAFTEN

Drei Faktoren wirken sich auf die geometrischen Eigenschaften von Airborne Laserscanning-Daten aus: Aufnahmetechnik, Sensorbewegung und Oberflächenform des Geländes (www.ivvgeo.uni-muenster.de/Vorlesung/FE_Script/2_3.html). Bei der optisch-mechanischen Aufnahmetechnik, die beim LiDaR Anwendung findet, wird die Geländeoberfläche fortlaufend zeilenweise im Flug aufgenommen. Da jede Zeile des Geländes zu einem anderen Zeitpunkt aufgenommen wird, haben LiDaR-Daten komplexere geometrische Daten als gewöhnliche Luftbilder (www.ivvgeo.uni-muenster.de-/Vorlesung/FE_Script/2_3.html).

Bei einer gleichförmigen Flugbahn wird beim Airborne Laserscanning eine Mischung aus einer Parallelprojektion (bei photographischen Systemen) in Flugrichtung und einer Zentralprojektion (bei Radar Systemen) senkrecht zum Flugzeug aufgenommen (s. Abb. 4). Erhebungen auf der Geländeoberfläche werden quer zur Flugrichtung nach außen versetzt dargestellt, niedrigere nach innen versetzt (ALBERTZ 2009).

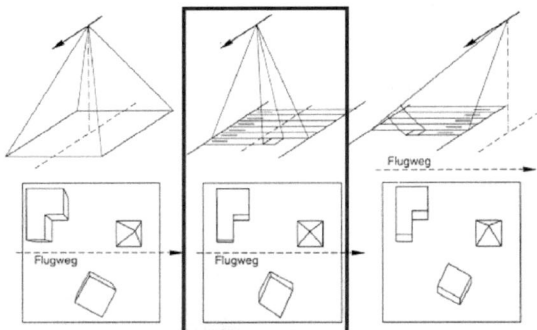

Abb. 4: Die Abbildungsgeometrien von photographischen Systemen und digitalen Flächenkameras (links), Scanner- Systemen (mitte) und Radarsystemen (rechts) (nach ALBERTZ 2009)

2.2 REFLEKTIONSGRAD DER OBERFLÄCHE

Materialien unterscheiden sich in der Art, wie und in welcher Intensität ein Lasersignal von ihrer Oberfläche reflektiert wird (s. Tab. 1) (ALBERTZ 2009). Der Reflektionsgrad ist definiert als das Verhältnis von einfallender Strahlung auf eine bestimmte Oberfläche zur reflektierten Strahlung von dieser Oberfläche (SHAN & TOTH 2009). Materialien wie Holz, Schnee oder helles Mauerwerk haben einen hohen Reflektionsgrad, der größte Teil der auftreffenden elektromagnetischen Strahlung wird zurückgeworfen. Bei weniger reflektierenden Oberflächen, wie Asphalt oder Lava, die zudem die einfallende Strahlung verstreut zurückstrahlen, besteht eine Wahrscheinlichkeit, dass der Detektor im Flugzeug den gesendeten Laserimpuls nicht zurück empfangen kann. Die Reflektion ist außerdem abhängig von der Wellenlänge des ausgesendeten Lasersignals (SHAN & TOTH 2009), dem physikalischen Zustand der Oberfläche, der Oberflächenrauhigkeit und den geometrischen Verhältnissen bei der Aufnahme (ALBERTZ 2009).

Tab. 1: Typische Reflektionsgrade von verschiedenen Materialien bei einer Wellenlänge von 900 nm (verändert nach WEHR & LOHR 1990 in SHAN & TOTH 2009)

Material	Reflektionsgrad (%)
Holz	94
Schnee	80 - 90
Mauerwerk (weiß)	85
Kalkstein	< 75
Laubbäume	~ 60
Nadelbäume	~ 30
Sand (trocken)	57
Sand (nass)	41
Beton	24
Asphalt	17
Lava	8

2.3 GENAUIGKEIT

Die Detailgenauigkeit der Daten (Level of Detail- LOD) kann je nach Ziel des Projekts variiert werden (www.ivvgeo.uni-muenster.de/Vorlesung/FE_Script/2_3.html). Die Dichte und Verteilung der Laserpunkte ist abhängig von Messrate, Scanwinkel, Scanfrequenz, Flughöhe, Fluggeschwindigkeit und Abstand der Fluglinien (SHAN & TOTH 2009). Die Punktdichte kann zwischen 1 Punkt pro 4 m² bis 30 Punkte pro 1 m² schwanken. Die Grenzen der Genauigkeit des Airborne Laserscanning- Verfahrens liegen in der Sensororientierung. Bei optimalen Bedingungen, vor allem in Bezug auf den GPS-Empfang (mindestens 6 GPS-Satelliten in Sicht), kann eine Präzision von 7 bis 8 Zentimetern erreicht werden (HERITAGE & LARGE 2009).

2.4 BILDVERZERRUNG

Die Aufnahmetechnik durch einen optisch- mechanischen Scanner führt dazu, dass die beobachteten Flächenelemente (IFOV- Instantaneous Fields of View) verzerrt aufgenommen werden (s. Abb. 5). Die Verzerrung entsteht dadurch, dass die Entfernung des Laserscanners zur Geländeoberfläche in der Mitte des Aufnahmestreifens kleiner ist als am Rand (ALBERTZ 2009). Die Flächenelemente und ihre Abstände zueinander wachsen damit an. Der Scanner-Spiegel dreht sich mit konstanter Winkelgeschwindigkeit, zudem werden die Messwerte in gleichen Zeitabständen erfasst, die Flächenelemente werden also mit den gleichen Winkelinkrementen aufgenommen. Bei der Darstellung wird dann eine Stauchung am Bildrand erkennbar. Dieser Effekt wird auch Panorama-Verzerrung genannt und muss vor der weiteren Verarbeitung und Anwendung der Bilddaten korrigiert werden. Im Vergleich zu den hier behandelten optisch- mechanischen Scannern treten derartige Verzerrungen bei optisch- elektronischen Systemen nicht auf (ALBERTZ 2009).

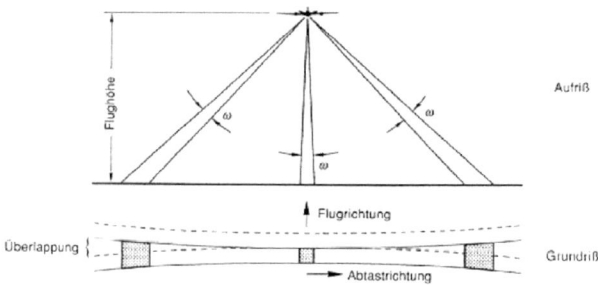

Abb. 5: Das Aufnahmeprinzip des Airborne Laserscanning (nach KRAUS 2004 in ALBERTZ 2006)

Bildverzerrungen können aber auch durch Sensorbewegungen entstehen, die durch die Flugbewegung selbst hervorgerufen werden. Typische Rollbewegungen während des Fluges, die komplexe geometrische Verzerrungen hervorrufen können, können durch ein Kreiselsignal korrigiert werden. Dafür wird die exakte Lage des Sensors durch ein INS (Inertales Navigationssystem) lokalisiert. Die Hauptkomponente des INS sind drei Kreisel, die sich in unterschiedliche Richtungen drehen. Ihre Achsen bewegen sich jedoch nicht, sodass eine kontinuierliche Orientierung im Raum für jede einzelne Bildzeile möglich ist und somit eine Verzerrung rechnerisch kompensiert werden kann (sg. Rollkompensation) (ALBERTZ 2009).

Auch die Geländeform kann Bildverzerrungen verursachen. Diese Verzerrungen können weitestgehend entfernt werden, wenn sowohl die Daten des GPS/INS- Sensors als auch die Höhendaten eines bestehenden digitalen Geländemodells des überflogenen Gebiets vorliegen und verschnitten werden können. Ohne ein bereits vorhandenes DGM ist eine Entzerrung zwar trotzdem möglich, diese hat dann aber nur einen Näherungscharakter (ALBERTZ 2009).

3 EINSATZMÖGLICHKEITEN

Für die beim Laserscanning gewonnenen Daten gibt es eine Vielzahl von Anwendungsmöglichkeiten. Generell kann entweder ein digitales Oberflächenmodell (DOM) erstellt werden, welches die gesamte Punktwolke, also auch die Vegetation und Gebäude mit berücksichtigt, oder ein digitales Geländemodell (DGM), dessen Intention die Darstellung der Erdoberfläche ist. Dafür werden vor allem die Punkte des last pulse verwendet sowie Objekte wie Gebäude und Vegetation durch rechnerische Verfahren aus der Punktwolke gelöscht.

Abb. 6: digitales Oberflächenmodell mit Vegetation vom Arlberg; digitales Geländemodell vom Arlberg (http://topscan.de/deutsch/airborne-laser-scanning/anwendungsspektrum/topographie/)

Bei der Planung eines Laserscanning-Flugs sind einige Aspekte zu beachten. Zwar sind die Flüge prinzipiell zu jeder Jahres- und Tageszeit möglich, so lange keine Wolken oder kein Niederschlag vorhanden sind der die Laserimpulse reflektieren würde. Je nach Fragestellung des Projekts, im Rahmen dessen die Daten verwendet werden sollen, können Punktwolken im Sommer für Vegetationskartierungen aufgenommen werden. Für andere Zwecke ist die vegetationslose Jahreszeit geeigneter. Da auch Schnee die Messung stört, stellt ein Flug im März oder April einen guten Kompromiss da (MAAS 2007). Die Anforderungen an ein Flugzeug für das Airborne Laserscanning sind, dass eine Einbaumöglichkeit für das System mit einer Bodenluke besteht und Stromversorgung und GPS- Antenne vorhanden sind. Außerdem sind Flugruhe und möglichst geringe Betriebskosten ein entscheidendes Kriterium (MAAS 2007).

3.1 LAND- UND FORSTWIRTSCHAFT

Durch die Mehrfachreflektionen des Lasersignals können gleichzeitig die Höhe der Vegetation und der Erdboden erfasst werden. Für die Einrichtung und das Monitoring von bewirtschafteten Wäldern sind Aussagen über Geländeform, Hangneigung und Hangrichtung, Baumhöhe und Kronendurchmesser von Interesse, die durch ALS-Punktwolken generiert werden können (MAAS 2007). Für die Landwirtschaft, vor allem für die Einrichtung von Precision Farming Systemen, sind ebenfalls die Hangneigung und Hangrichtung sowie Aussagen über Vegetationsübergängen und Vegetationshöhen interessant. Mithilfe der Daten kann der Einsatz von landwirtschaftlichen Produktionsmitteln geplant werden sowie die Erosionsgefahr von landwirtschaftlichen Nutzflächen eingeschätzt werden.

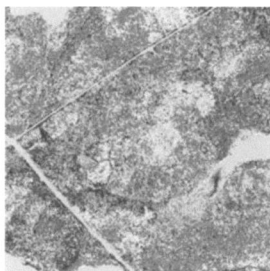

Abb.7: Waldhöhenklassen (http://topscan.de/deutsch/airborne-laser-scanning/anwendungsspektrum/vegetation/)

3.2 HYDROLOGIE

Digitale Geländemodelle auf der Basis von Laserscanning-Daten bieten die Möglichkeit, die Überflutung einer Fläche am Computer zu simulieren. Die Geländehöhen spielen dabei eine entscheidende Rolle, aber auch Hindernisse wie Gebäude oder Deiche. Zusammen mit den hydrologischen Daten eines Gewässers können so wichtige Daten für die Stadtplanung, das Versicherungswesen oder auch den Naturschutz gewonnen werden.

3.3 BATHYMETRIE

Schon seit den 1980er Jahren wurden von verschiedenen Firmen Systeme zur Erfassung von Meeres- (und See-)böden und der angrenzenden Küsten sowohl zu militärischen als auch zivilen Zwecken entwickelt. Aus den Daten können z. B. Unterseekarten zu Forschungszwecken oder zur nautischen Navigation generiert werden (BANIC & CUNNINGHAM). Mit der Laser-Bathymetrie-Messung kann entweder der lineare Tiefenverlauf eines Gewässers gemessen werden oder es werden flächenhaft breitere Streifen erfasst. Die aktuellen Grenzen der Technik liegen bei der Messung in Wassertiefen von 25- 70 m, abhängig vom eingesetzten System, der Klarheit des Wassers und dem Wellengang (SHAN & TOTH 2009). Im Unterschied zu der Vermessung an Land werden bei der Laser-Bathymetrie gleichzeitig zwei Laserpulse mit verschiedenen Wellenlängen ausgesendet: einer im infraroten elektromagnetischen Spektrum und einer im grünen Spektrum (SHAN & TOTH 2009). Das Lasersignal im infraroten Bereich wird von der Wasseroberfläche reflektiert, das Signal im grünen Spektrum dagegen durchdringt die Wasseroberfläche und wird erst vom Gewässergrund reflektiert und zum Sensor im Hubschrauber oder Flugzeug zurückgeworfen, wo dann, entsprechend der Messung an Land, der Zeitunterschied zwischen der Aussendung und dem Wiedereintreffen des Impulses erfasst wird (SHAN & TOTH 2009).

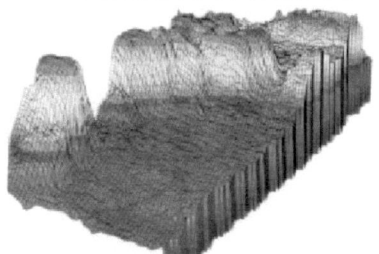

Abb. 8: Beispiel für eine bathymetrische Karte, aus LiDaR-Daten erstellt (BANIC & CUNNINGHAM)

3.4 GEBÄUDEERFASSUNG

Die Gebäudeerfassung mittels ALS ist eine recht neue Technik, an der weiterhin intensiv geforscht wird (ALBERTZ 2009). Sie ist z. B. wichtig für Denkmalschutz, Lärmschutz, Stadtplanung und Versicherungswesen. Wenn eine hohe Detailgenauigkeit der Daten bzw. Abbildungen gefordert ist, können die Laserscanning-Daten mit optischen Bildern kombiniert werden.

3.5 ARCHÄOLOGIE

Durch die detaillierte Aufnahme einer Geländeoberfläche aus der Luft können auch archäologisch wertvolle Strukturen im Boden erkannt werden. Der Vorteil ist, dass aus großer Höhe ein zusammenhängendes Bild einer archäologischen Stätte gewonnen werden kann und Strukturen sichtbar werden, die vom Boden aus zunächst nichts als solche erkannt werden würden, z. T. auch weil sie von Vegetation bedeckt sind. Diese Vegetation kann aber vom Laserstrahl durchdrungen werden. Auch Unterschiede im Wachstumsverhalten von Vegetation durch Besonderheiten im Untergrund lassen sich mit ALS identifizieren. Außerdem stehen, im Gegensatz zur schon länger angewendeten Methode der Auswertung von einfachen Luftbildern, sofort Angaben zu den Ausmaßen einer Fundstätte zur Verfügung. Zu den möglichen Funden gehören ehemalige Siedlungen, Grabensysteme, Wege, Grabhügel oder Kultstätten verschiedener Epochen (http://www.museo-on.com/go/museoon/home/news).

3.6 TRASSENKARTIERUNG

Bei der Planung und Kontrolle von Bahnstrecken, Straßen, Pipelines, Deichen und Stromleitungen eignet sich ebenfalls der Einsatz von Airborne Laserscanning. Bei der Trassenkartierung werden bevorzugt Hubschrauber eingesetzt, weil sie langsamer und niedriger fliegen können, und so der Trasse besser folgen können als ein Flugzeug, sodass eine höhere Punktdichte und damit eine bessere Bildauflösung erreicht werden kann (HERITAGE & LARGE 2009).

3.7 STANDORTANALYSEN

Digitale Geländemodelle können Grundlage für verschiedene Standortanalysen sein, für die ALS Daten die Grundlage bilden und dann zusammen mit Daten anderer Fachdisziplin zu einer Analyse zusammengeführt werden. Möglich sind z. B. Standortanalysen für Windkraftanlagen und Solarkraftwerke oder Sichtbarkeitsanalysen von Bauwerken (http://topscan.de/deutsch/airborne-laser-scanning/anwendungsspektrum/).

Als Abgrenzung zum Airborne Laserscanning kann Laserscanning auch vom einem Fahrzeug am Boden aus erfolgen (http://topscan.de/deutsch/mobile-laser-scanning/). Dieses System ist kostengünstiger als die Aufnahme vom Flugzeug aus, jedoch ist ein höherer Zeitaufwand mit der Erfassung einer großen Fläche verbunden und die Methode kann in nicht befahrbarem Gelände nicht angewendet werden. Eine weitere Alternative ist das Spaceborne Laserscanning, bei dem die Erdoberfläche von einem Satelliten aus aufgenommen wird (SHAN & TOTH 2009).

IV QUELLENVERZEICHNIS

ALBERTZ, J. (2009): Einführung in die Fernerkundung. Wissenschaftliche Buchgesellschaft, Darmstadt.

HERITAGE, G. L., LARGE, A. R. G. (Hrsg.), (2009): Laser Scanning for the Environmental Sciences. Wiley-Blackwell, West Sussex.

MAAS, H.- G. (2007): Vorlesung im Sommersemester 2007- Photogrammetrie und Fernerkundung. TU Dresden.

SHAN, J., TOTH, C. K., (Hrsg.), (2009): Topographic Laser Ranging and Scanning- Principles and Processing. CRC Press, Boca Raton, FL.

pdf- Dokumente:

BANIC, J., CUNNINGHAM, G.: Airborne Laser Bathymetry- a tool for the next millennium. Verfügbar unter: http://shoals.sam.usace.army.mil/downloads/Publications/32Banic_Cunningham_98.pdf (Zugriff am 27.06.10)

BRENNER, K. (2006): Aerial Laser Scanning. International Summer School "Digital Recording and 3D Modeling", Aghios Nikolaos, Crete, Greece. Verfügbar unter: http://champs.cecs.ucf.edu/Library/Conference_Papers/pdfs/Aerial%20laser%20scanning.pdf (Zugriff am 27.06.10)

http://www.ivvgeo.uni-muenster.de/Vorlesung/FE_Script/2_3.html (Zugriff am 27.06.10)

http://www.museo-on.com/go/museoon/home/news (Zugriff am 30.05.10)

http://www.terraimaging.nl/index.php?id=188 (Zugriff am 17.05.10)

http://topscan.de/deutsch/airborne-laser-scanning/anwendungsspektrum (Zugriff am 15.05.10)

http://topscan.de/deutsch/airborne-laser-scanning/eigenschaften/ (Zugriff am 15.05.10)

http://topscan.de/deutsch/mobile-laser-scanning/ (Zugriff am 15.05.10)

Titelbild: http://www.terraimaging.de/de/technologie/laserscanning